Bibliografische Information der Deutschen Nationalbibliothek:

Die Deutsche Bibliothek verzeichnet diese Publikation in der Deutschen National-
bibliografie; detaillierte bibliografische Daten sind im Internet über http://dnb.d-
nb.de/ abrufbar.

Impressum:

Copyright © 2014 GRIN Verlag, Open Publishing GmbH
Druck und Bindung: Books on Demand GmbH, Norderstedt Germany
ISBN: 9783668135604

Dieses Buch bei GRIN:

http://www.grin.com/de/e-book/312306/der-gleichstrommotor-aufbau-und-funkti-
onsweise-eines-elektromotors

Nick Kaiser

Der Gleichstrommotor. Aufbau und Funktionsweise eines Elektromotors

Schriftliche Ausarbeitung zur Abschlusspräsentation Realschule

GRIN Verlag

GRIN - Your knowledge has value

Der GRIN Verlag publiziert seit 1998 wissenschaftliche Arbeiten von Studenten, Hochschullehrern und anderen Akademikern als eBook und gedrucktes Buch. Die Verlagswebsite www.grin.com ist die ideale Plattform zur Veröffentlichung von Hausarbeiten, Abschlussarbeiten, wissenschaftlichen Aufsätzen, Dissertationen und Fachbüchern.

Besuchen Sie uns im Internet:

http://www.grin.com/

http://www.facebook.com/grincom

http://www.twitter.com/grin_com

Elektroauto – Das Auto der Zukunft für mich?

**Schriftliche Hausarbeit zur mündlichen
Abschlusspräsentation**

Inhaltsverzeichnis

1   Wieso habe ich dieses Thema für meine Hausarbeit ausgewählt?

Als ich mich selbst gefragt hatte, welches Thema ich nehmen sollte, war mir sofort klar, dass es etwas mit Physik zu tun haben sollte und in die Richtung Technik und Mechanik gehen sollte. Ich interessiere mich sehr stark für Autos, vor allem schnelle und sportliche Autos. Da das Thema Elektroauto wegen der Globalen Erderwärmung ein sehr oft und heiß diskutiertes Thema ist und ich selbst nicht wirklich viel über dieses Thema wusste, habe ich mir dieses ausgesucht und wollte klären, wie ein Elektroauto und dessen Motor funktionieren, welche Vor- und Nachteile es gibt und natürlich ob und wann es sich lohnt, ein E-Auto anzuschaffen.

2   Wie funktioniert ein Elektroauto?

Als Elektroauto, oder auch E-Auto genannt, werden Fahrzeuge bezeichnet, die anstatt durch einen herkömmlichen Verbrennungsmotor, durch einen Elektromotor angetrieben werden, also einen Motor der seine Energie aus einer Batterie bekommt. Die dafür nötige elektrische Energie wird in einer Batterie gespeichert. Diese muss vorher mithilfe eines Ladekabels aufgeladen werden. Zum Aufladen braucht man eine Ladestation. Diese kann bis zu 1000 Euro kosten, jedoch gibt es auch in manchen Gemeinden und Städten sogenannte öffentliche Ladestationen an denen jeder sein Elektroauto kostenlos aufladen kann.[1] Der Elektromotor im Auto wandelt die elektrische Energie in eine mechanische um, diese ist meist eine Rotationsbewegung und wird mit Verbindungen bis zu den Rädern des

---

[1] Vgl. http://de.wikipedia.org/wiki/Stromtankstelle

Fahrzeuges geleitet. Dadurch gerät das Fahrzeug in Bewegung und kann an Geschwindigkeit gewinnen. Durch den sehr großen stufenlos nutzbaren Drehzahlbereich gibt es in vielen Elektrofahrzeugen kein schaltbares Getriebe oder eine Kupplung, sondern nur ein Automatik Getriebe. Denn anders als bei Verbrennungsmotoren deren gesamte Leistung meist erst in den etwas höheren Drehzahlbereichen vorhanden ist, ist die volle Leistung des Elektromotors sofort verfügbar und sie Verfügen, wie bereits schon gesagt über einen sehr großen nutzbaren Drehzahlbereich. Beim Fahren mit dem Elektroauto und Abrufen der Elektrischen Energie entsteht Wärme. Diese muss gekühlt werden, da sich sonst durch die Hitze die Wicklung, also die Spule, im Motor inneren ablöten könnte. Die Kühlung übernimmt wie in einem Herkömmlichen Auto auch eine Wasser- oder Luftkühlung, bei Elektromotoren ist es in den meisten Fällen jedoch eine Luftkühlung.[2]

3   Aufbau eines Elektromotors

Der Elektromotor ist ein Motor, der elektrische Energie in mechanische umwandelt. Diese Art von Motor wird in vielen Gebieten der Industrie aber auch im Haushalt eingesetzt. Zum Beispiel sind in einem CD-Player, einem Rasenmäher, in einer Lokomotive und einer Zahnbürste Elektromotoren von verschiedenen Größen verbaut. Dabei ist es egal, wie groß die Motoren sind. Sie funktionieren alle nach dem selben Grundprinzip: elektrische Energie wird in mechanische umgewandelt.[3] Ein Leben ohne Elektromotoren ist heute also kaum mehr vorstellbar, wohin man nur sieht, überall sind Elektromotoren. Auch wenn sie nur klein sind, sie helfen uns ungemein. Ein Elektromotor kann auf sehr viele verschiedene Art und Weisen aufgebaut und betrieben werden. Hier werde ich den Aufbau anhand eines einfachen Beispiel eines Gleichstrommotors (Kommutatormotor), der auch in den meisten Elektroautos benutzt wird, erklären.

---

2 Vgl. http://de.wikipedia.org/wiki/Elektroauto
3 Vgl. https://www.planet-schule.de/sf/multimedia/animationen/elektromotor_generator/mme/mmewin.html

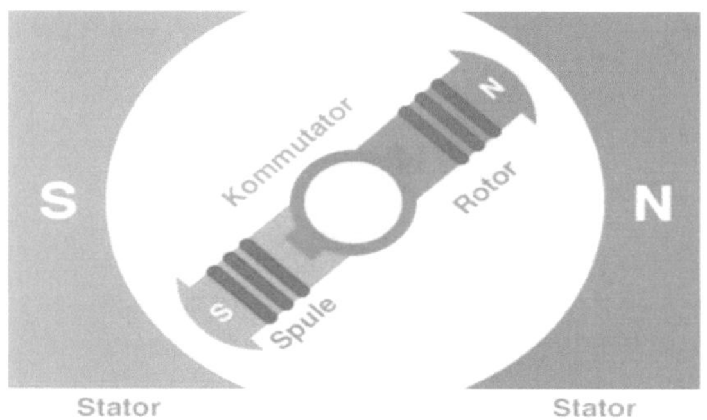

Ein Elektromotor besteht aus folgenden Teilen: einem Rotor/Anker, einem Stator, einem Kommutator, einer Bürste, einer Welle und schließlich die Stromquelle. Der Rotor bzw. Anker ist auf dem Bild mittig zwischen dem Dauermagneten (auch Stator gennant) zu sehen. In diesem Fall ist der Rotor ein Doppel-T-Anker. Um den Rotor ist auf beiden Seiten eine Spule gewickelt. Diese erzeugt, sobald der Strom fließt, ein elektromagnetisches Feld. Um den Rotor ist der Stator mit einem Süd- und Nordpol. Zwischen den beiden Spulen, Rotoren und um die Welle, also mittig befindet sich der Kommutator (lat: „commutare" = vertauschen).[4]

4   Wie funktioniert ein Elektromotor?

Da für einen Elektromotor eine Spule benötigt wird, durch die Strom fließt, muss man wissen, dass elektrische Ströme von einem Magnetfeld umgeben sind.[5]

Zuerst werde ich die Funktion des Rotors erklären, der auch Anker genannt wird, ist der bewegliche Teil des Motors, in diesem Fall ein Doppel-T-Anker. Dieser bewegt sich zwischen den beiden Polen des Stators. Der Stator ist ein Dauermagnet, der ein konstantes Magnetfeld mit einer Süd- und Nordpolung erzeugt. Der Rotor wird durch eine Welle gehalten, die gelagert und drehbar ist. Um den Rotor herum ist eine Spule, diese wird von einem elektrischen Storm durchflossen. Die Stromversorgung der Spulen erfolgt über die Bürsten. Diese sind am Rotor angebracht und bestehen aus Kohle bzw. Metall. Im folgenden Bild sind die Bürsten Schwarz und in der Mitte, zwischen den beiden Spulen und Rotoren, befindet sich der Kommutator der auch Stromwender genannt wird und zur Umpolung dient. Grün ist der südlich gepolte Teil des Rotors und rot ist der

---

4 Vgl. http://motoren-technik.net/aufbau-elektromotor/
5 Vgl. http://www.physik.wissenstexte.de/elektromotor.html

nördlich gepolte Teil des Rotors, auf beiden Seiten um den Rotor befindet sich die Wicklung.

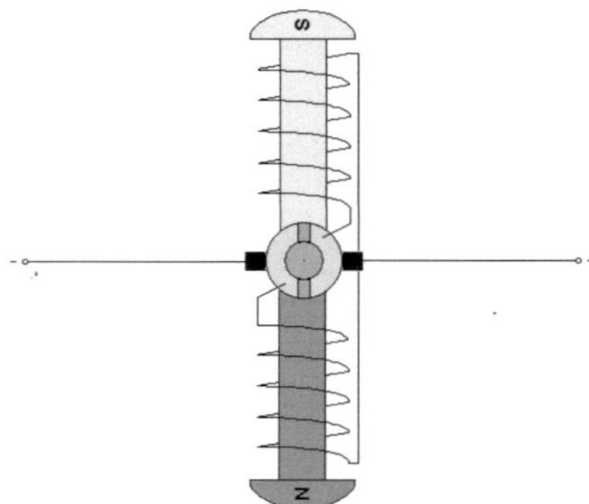

Schließt man nun die Bürsten an die Pole einer Gleichstromquelle an, fließt über die Bürsten und Halbringe Strom durch die Spule und ein stromdurchflossener Leiter erzeugt ein Magnetfeld in seiner Umgebung.[6]

Gleichnamige Pole stoßen sich ab und ungleichnamige ziehen sich an. Stehen sich also beispielsweise der Nordpol des Dauermagneten und der Nordpol des Rotors gegenüber, dann stoßen diese sich voneinander ab. Dadurch kommt der gelagerte Rotor in Bewegung und es entsteht mechanische Energie. In diesem Fall dreht sich der Rotor, also entsteht eine Rotationsbewegung und diese Bewegung kann über das Getriebe an die Welle weitergegeben werden, bis hin zum Rad, das den Boden berührt und das Fahrzeug in Bewegung setzt. Der Kommutator hat nun folgende Funktion: sobald der Rotor am gleichnamigen Pol abgestoßen wurde, würde er ja beim Erreichen des Südpols, also dem Pol, der nicht gleichnamig ist, stehen bleiben, da sich unterschiedliche Pole anziehen. „Diesen Zustand nennt man Totpunkt".[7] Der Kommutator verhindert dies durch einen kleinen Trick. Denn er ändert die Richtung des Stroms jede halbe Umdrehung ändert sobald die Bürsten die Isolierstellen zwischen den beiden Halbringen des Kommutators berührt. Auf dem Bild sieht man, wie die beiden Bürsten (hier schwarz) die Isolierstellen berühren. Jetzt ist der Stromkreis unterbrochen und das Magnetfeld der Spule wird abgebaut.

---

6 Vgl. http://de.wikipedia.org/wiki/Elektromagnet#Wirkprinzip
7 Wiebke Salzmann: Elektromotor (2008) in http://www.physik.wissenstexte.de/elektromotor.htm

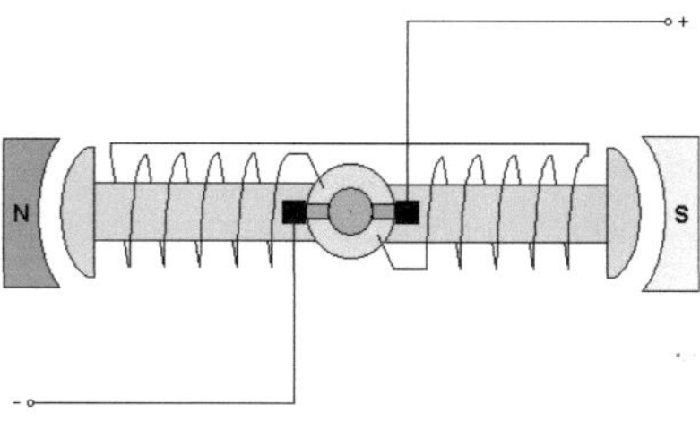

Eigentlich gibt es jetzt keine Drehbewegung mehr. Die Spule bleibt jedoch nicht abrupt stehen, sondern bewegt sich durch ihre Trägkeit noch etwas weiter über die Isolationsschicht hinaus und es entsteht wieder ein Stromkreis. Jedoch sind die Pole des Rotors diesmal mit dem Gegenteil gepolt, Dank des Kommutators, also Süd ist jetzt Nord und Nord ist Süd. Jetzt stehen die gleichnamigen Pole wieder gegenüber und der Prozess beginnt von vorne, sobald sich die ungleichnamigen Pole wieder gegenüberstehen. Dadurch wird die Richtung, in die der Strom durch die Spule fließt, vertauscht und damit auch die Polung. Das ganze sieht dann so aus:

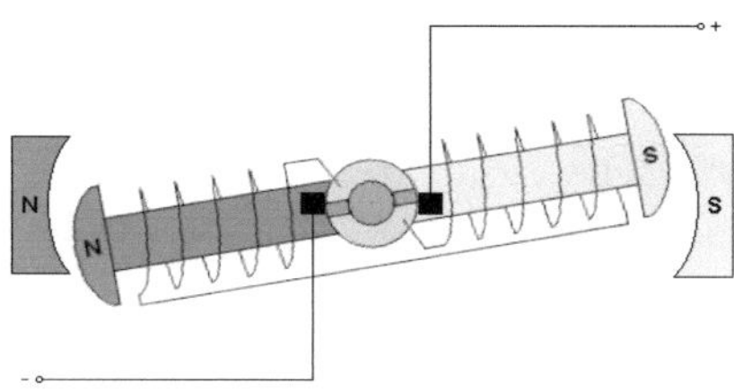

Auf dem Bild ist der angesprochene Moment nachdem die Pole des Magnetfeldes der Spulen durch den Kommutator vertauscht wurden zusehen, man kann einen Elektromotor auch mit einem 3-T-Anker betreiben. Hierbei ist die Drehbewegung deutlich gleichmäßiger, da jederzeit ein Halbring Kontakt zu einem Pol hat. Mit einem 3-T-Anker ist es auch möglich, die Spule ohne manuelle Hilfe zu starten. [8] [9] [10] [11]

5   Vor- und Nachteile eines Elektroautos

Ein Elektroauto hat in vielerlei Hinsicht Vor- und Nachteile. Im Folgenden werde ich aus beiden Perspektiven Beispiele anführen. Ein großer Nachteil an Elektroautos sind die hohen Anschaffungskosten. Beispielweise ist der E-Smart ab 18910 Euro erhältlich und der selbe Smart mit Dieselmotor schon ab 13035 Euro. Viele Nachteile bringt ebenfalls die Batterie mit sich, denn die Ladezeiten sind sehr lang. Das Aufladen kann bis zu 10 Stunden dauern, doch die Reichweite der Batterien liegt bei nur 80 bis 300 Kilometern, was für kleinere Stadtfahrten oder kurze Autobahnfahrten reicht, aber für mehr auch nicht. Die Reichweite hängt jedoch auch vom Fahrzeugtyp ab. Die Lebensdauer der Batterie beträgt zudem nur etwas drei bis fünf Jahre im Durchschnitt, danach muss eine neue Batterie her, was neue zusätzliche Kosten verursacht. Eine Eigenschaft, die besonders Menschen, die in einer Region leben, in der es oft starke Temperaturunterschiede gibt, zu schaffen machen könnte ist der Leistungsverlust der Akkus bei hohen und niedrigen Temperaturen. Deshalb ist eine gute Kühlung bei starker Hitze sehr wichtig. Die Akkus der Fahrzeuge sind sehr schwer, was ein großer Nachteil ist, denn wenn die Fahrzeuge schwerer sind benötigt, man mehr Leistung oder mehr Zeit, um zu beschleunigen. Die alten Akkus können nur als Sondermüll entsorgt werden. Das Elektroauto ist nicht nur in der Anschaffung teurer, sondern *„selbst nach zehn Jahren rechnet sich das Elektroauto gegenüber den herkömmlichen Motorisierungen noch nicht […]."* [12]

Es wird oft gesagt, dass Elektroautos deutlich umweltfreundlicher sind als Autos mit einem Verbrennungsmotor. Dies stimmt nur bedingt, denn die Energie für die Akkus bzw. Batterien der Fahrzeuge muss auch erst erzeugt werden und diese kann von einem Windrad oder einem Atomkraftwerk kommen. Und selbst bei dem Windrad wurden Abgase ausgestoßen, nämlich bei der Produktion des Windrades,

---

8 Vgl. http://motoren-technik.net/aufbau-elektromotor/

9 Vgl. http://motoren-technik.net/funktionsweise-elektromotor/

10 Vgl. http://nibis.ni.schule.de/~ursula/Physik/ELehre/Elektromotor.htm

11 Vgl. http://www.lernstunde.de/thema/magnetismus/grundwissen.htm

12 Bildzeitung (2012), Lohnt sich ein Elektroauto? In: http://www.bild.de/auto/service/alternativer-antrieb/lohnt-sich-ein-elektroauto-26325448.bild.html

also kann man nie sagen, dass ein Elektroauto die Umwelt überhaupt nicht belasten würde.[13]

Kommen wir nun zu den Vorteilen eines Elektroautos. Einer dieser Vorteile ist natürlich die deutlich höhere Umweltfreundlichkeit des Elektroautos. Es produziert keine Abgase. Allein bei der Gewinnung der Energie für die Batterien könnten Abgase produziert werden, jedoch kann man theoretisch auch mit Strom fahren, der so gewonnen wird, dass die Umwelt kaum belastet wird, wie zum Beispiel durch Windräder. Ebenfalls fährt es nahezu lautlos, was der Umwelt, den Tieren und den Menschen zugute kommt. Die Steuerlast und Versicherungsbeiträge eines Elektroautos sind deutlich geringer, als die eines Fahrzeuges mit Verbrennungsmotor. Auch sind Elektromotoren nicht so Wartungsintensiv und deutlich leichter in der Handhabung und Reparatur, da sie aus weniger beweglichen Teilen bestehen, als ein Verbrennungsmotor, was sich sehr gut für Menschen eignet, die sich selbst vielleicht nicht gut mit der Technik eines Fahrzeuges auskennen. Ebenfalls sind Reparaturen an einem E-Auto im Allgemeinen günstiger als an einem Auto mit Verbrennungsmotor. Und zu guter Letzt liegen die kosten bei 100 Kilometern Fahrt bei maximal 1,45 Euro (Abhängig von Stromtarif und Verbrauch).[14] Wer auf Schnelligkeit steht, muss nicht unbedingt ein Auto mit Verbrennungsmotor fahren, denn der „Mercedes SLS AMG electric drive" regelt erst bei 250km/h ab und hat trotzdem eine Reichweite von 250 Kilometern.[15]

6   Lohnt es sich ein Elektroauto anzuschaffen?

Wenn man es von der rein finanziellen Sicht betrachtet, lohnt sich der Kauf von einem E-Auto für Privatpersonen nicht. Der hohe Aufpreis gegenüber einem normal motorisierten Modell mit Verbrennungsmotor schlägt sehr zu Buche und man müsste eine sehr lange Zeit mit dem selben Elektroauto fahren, um das vorher ausgegeben Geld wieder einzufahren. Lohnen könnte sich das ganze, wenn man den Strom durch eine öffentlich kostenlose Ladestation oder zum Beispiel durch seinen Arbeitgeber kostenlos erhalten würde, oder wenn man in

---

13 Vgl. http://www.energieportal24.de/cms1/wissensportale/fahrzeuge/nachteile-elektroautos/#c3357
14 Vgl. http://www.mein-elektroauto.com/die-vor-und-nachteile-von-elektroautos/
15 Vgl. http://www.bild.de/auto/auto-news/elektroauto/lohnt-es-sich-schon-ein-elektro-auto-zu-kaufen-30580708.bild.html

einer großen Stadt lebt und nicht auf öffentliche Verkehrsmittel zugreifen möchte, dann würde man an Kosten sparen und ein Elektroauto wäre von der rein finanziellen Sicht her auf Dauer günstiger.[16]. Als Mensch, der auf dem Land lebt und oft längere Strecken zum Beispiel auf Autobahnen zurücklegen muss, lohnt sich ein Elektroauto nicht. Der hohe momentane Preis von etwa 400 Euro pro Kilowattstunde, ist ein negativer Punkt. Der Preis soll jedoch bis 2020 auf unter 200 Euro pro Kilowattstunde sinken, dann würde sich ein E-Auto auf jeden Fall lohnen, auch für Menschen, die nicht in großen Städten leben.[17] Ich denke, man muss einfach noch etwas abwarten. Ein Kompromiss wäre ein Auto mit Hybrid-Antrieb, diese sind günstiger als Elektroautos und sie haben eine größere Reichweite, da sie ja einen Elektro- und Verbrennungsmotor haben. Trotzdem sind sie Umweltschonender, als herkömmliche Fahrzeuge die nur einen Elektromotor besitzen. Momentan ist es teurer, ein Elektroauto zu fahren, als ein Fahrzeug mit Hybrid-Antrieb oder Verbrennungsmotor. Die Technik ist noch sehr unerforscht, genau weil es so eine neue und empfindliche Technik ist. Die Produktionskosten sind noch sehr hoch, dies wird sich jedoch in der Zukunft ändern. Wer jedoch der Umwelt etwas Gutes tun will und etwas Geld über hat, kann sich natürlich ein Elektroauto oder Auto mit Hybrid-Antrieb zulegen. Es ist damit zu rechnen, dass die Batterien ausdauernder werden, die Reichweite vergrößert und die Ladezeiten verkürzt wird. Auch wird es in Zukunft noch mehr Privilegien für Elektroautobesitzer geben, wie niedrigere Versicherungsbeiträge und Steuern.[18] Ich finde die Grundsätzliche Idee sehr gut und für mich ist das Elektroauto auf jeden Fall das Auto der Zukunft, denn wir müssen uns und unsere Umwelt schützen, wenn wir noch länger auf diesem Planeten leben wollen. In Zukunft wird das Elektroauto das herkömmliche Auto mit Verbrennungsmotor ablösen und wir werden vielleicht schon in einigen Jahren vermehrt Elektroautos auf unseren Straßen sehen.

7   Literaturverzeichnis

Bildzeitung (2012), Lohnt sich ein Elektroauto? In: http://www.bild.de/auto/service/alternativer-

---

16 Vgl. http://www.rp-online.de/leben/auto/ratgeber/warum-sich-ein-elektroauto-nicht-wirklich-lohnt-aid-1.4064966
17 Vgl. http://www.bild.de/auto/auto-news/elektroauto/lohnt-es-sich-schon-ein-elektro-auto-zu-kaufen-30580708.bild.html
18 Vgl.: http://www.auto-im-test.de/elektroautos/nachhaltiger-umstieg-8829

antrieb/lohnt-sich-ein-elektroauto-26325448.bild.html

de.wikipedia.org/wiki/Elektroauto

de.wikipedia.org/wiki/Elektromagnet#Wirkprinzip

de.wikipedia.org/wiki/Stromtankstelle

motoren-technik.net/aufbau-elektromotor/

motoren-technik.net/funktionsweise-elektromotor/

nibis.ni.schule.de/~ursula/Physik/ELehre/Elektromotor.htm

www.bild.de/auto/auto-news/elektroauto/lohnt-es-sich-schon-ein-elektro-auto-zu-kaufen-30580708.bild.html

www.energieportal24.de/cms1/wissensportale/fahrzeuge/nachteile-elektroautos/#c3357

Wiebke Salzmann: Elektromotor (2008) in www.physik.wissenstexte.de/elektromotor.htm

www.lernstunde.de/thema/magnetismus/grundwissen.htm

www.mein-elektroauto.com/die-vor-und-nachteile-von-elektroautos/

www.planetschule.de/sf/multimedia/animationen/elektromotor_generator/mme/mmewin.ht

www.physik.wissenstexte.de/elektromotor.htm

http://www.eurest-serviert-zukunft.at/wp-content/uploads/2015/08/Vorschaubild_ecar.jpg

8   Abbildungsverzeichnis